神奇的七色蔬果汁

SHENQI DE QISE SHUGUOZHI

黄家良◎编著

SPM
南方出版传媒
广东经济出版社
·广州·

图书在版编目（CIP）数据

神奇的七色蔬果汁 / 黄家良编著. —广州 : 广东经济出版社，2017.1

ISBN 978-7-5454-5162-7

Ⅰ. ①神… Ⅱ. ①黄… Ⅲ. ①蔬菜－饮料－制作②果汁饮料－制作 Ⅳ. ①TS275.5

中国版本图书馆CIP数据核字(2016)第314110号

出 版 人：姚丹林
责任编辑：高文彪
责任技编：许伟斌
装帧设计：林 希

出版发行	广东经济出版社（广州市环市东路水荫路11号11～12楼）
经销	全国新华书店
印刷	广州家联印刷有限公司 （广州市天河区东圃镇吉山村坑尾路3－2号）
开本	889毫米×1194毫米 1/32
印张	5.25
字数	109 000字
版次	2017年1月第1版
印次	2017年1月第1次
印数	1～4000册
书号	ISBN 978－7－5454－5162－7
定价	30.00元

如发现印装质量问题，影响阅读，请与承印厂联系调换。
发行部地址：广州市环市东路水荫路11号11楼
电话：(020)38306055 38306107 邮政编码：510075
邮购地址：广州市环市路水荫路11号11楼
电话：(020)37601980 邮政编码：510075
营销网址：http://www.gebook.com
经济出版社常年法律顾问：何剑桥律师

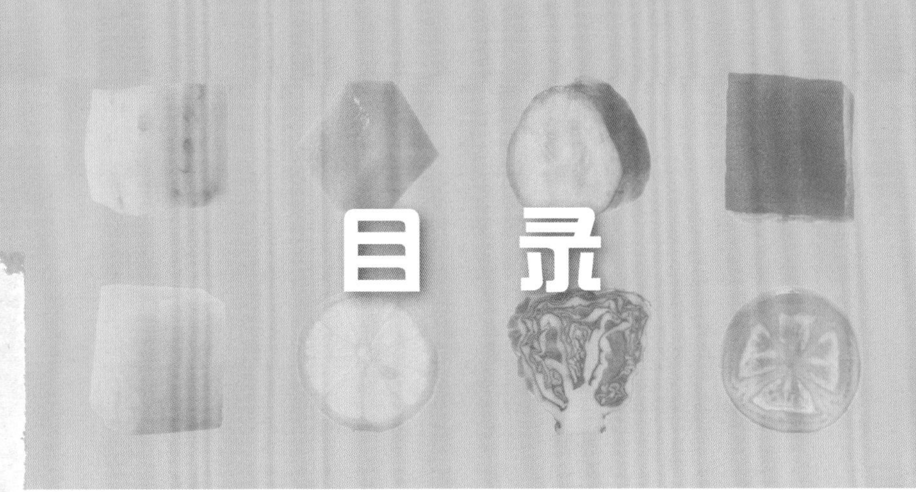

目 录

CHAPTER 1 自然医学与色彩营养

CHAPTER 2 神奇的七色蔬果

CHAPTER 3 七色蔬果汁对抗亚健康

附录 推荐厨具

CHAPTER

1

自然医学与色彩营养

1.1 自然医学对亚健康的修复指南

从自然能量医学的观点来看，疾病是因为身体产生了一种同类毒素的中毒表现。在中毒初期，毒素对身体的影响、变化都在细胞周围进行，并没有接触到细胞结构的化学组成，所以并没有影响细胞本身的构造，身体不会特别感觉到哪里不舒服。但是，当中毒现象到达后期后，毒素已经开始对细胞造成伤害，甚至导致其变形和被破坏，这时疾病就会开始形成了。

亚健康即指非病非健康状态，这是一类次等健康状态，是处于健康与疾病之间的状态，故又有“次健康”、“第三状态”、“中间状态”、“游移状态”、“灰色状态”等的称谓，我国普遍称为“亚健康状态”。如果对照以上的能量学观点，亚健康状态也就是指中毒现象的初、中期，处于亚健康状态的人，虽然没有明确的疾病，但却出现精神活力、适应能力和反应能力的下降，如果这种状态不能得到及时的纠正，非常容易引起心身疾病。

因此，如果我们能在亚健康现象出现时及时做出调整使身体

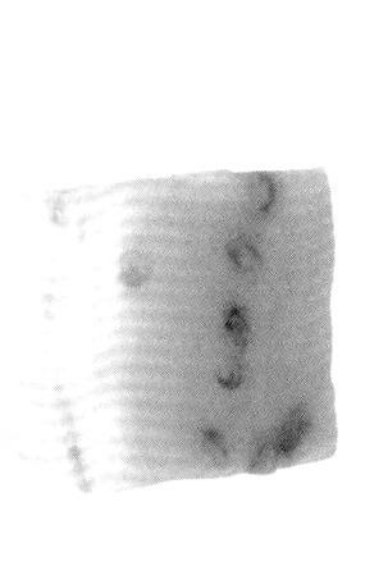

恢复原来的健康状态，就可以做到预防疾病的境界。而针对这种需求，从自然医学角度提出了以下“三阶段、七步骤”的亚健康修复指南。

1.1.1　第一阶段：切断毒源＋排除毒素

切断毒源

想要消除中毒现象首先要从切断毒源开始，避免接触环境毒素。可由居家做起，更换所有可能的化学性物品，有效防范电磁波的伤害，拒绝加工食品，慎选低污染的农作物及人工养殖的动物性食品。

排除毒素

切断了毒源之后，就要开始把体内的毒素排除。需要平衡肝、肾及其他相关的自体排毒功能，同时提高自身的新陈代谢的能力。加速人体排毒可通过多饮水、多食用新鲜蔬菜和水果，或者是接受相应的排毒疗法。

1.1.2　第二阶段：调整情绪＋脊椎矫正＋足量饮水＋补充营养

调整情绪

情绪对人体生理机能的影响是很大的。因此需要先建立这样的认知，然后督促自己学会积极正面地思考问题，并有效地排解自己的负面情绪。可以通过内省着手多阅读相关的书籍，或参与相关的情绪调节课程。

脊椎矫正

有句话说“三分脊椎，七分自己”，脊椎健康与人体健康有着莫大的关系，如果脊椎受到损伤，身体很容易出现问题。因此，可到相关治疗机构做脊椎健康检查和保健性调整，并确实遵守脊椎保健要领以维持长期稳定。

足量饮水

水是生命之源，在成人的组织中水的比重约占 70%，如果人体中水的比重低于 50%，人的生命就会受到危险。正常人每天需摄取水 2 升 –2.5 升，其中基本饮水量需达到 1 升 –1.2 升以上。因此，多喝水能促进人体新陈代谢，帮助调整身心平衡状态。

补充营养

除了多喝水，还需要多补充营养。包括改变不健康的饮食习惯，将饮食调整为多摄取纤维类、胚芽类及种子类、植物或动物蛋白、深绿色蔬菜。同时，避免高热量（油炸、甜食）食品、加工食品、白砂糖、过度烹调的精致化食品，并注意食物间的禁忌。

1.1.3 第三阶段：对症解难

对症解难

经过前面两个基本的修复阶段后，我们需要更为有针对性的修复。根据不同的亚健康状态，可以选择不同的调整策略。在本书接下来的 Chapter 3 中，将会为大家提供解决各种亚健康状态的营养蔬果汁。

1.2 医学的三原素理论

色彩是由红、黄、蓝三原色组合而成，经过不同比例混合后，就会出现千千万万种的颜色。同样地，钟杰博士在他《能量自愈力》一书中也提出了与三原色相对应的“医学三原素学说”。

他认为五花八门的医学可以由化学、机械、质能所组成。其中黄色圈代表中国医学（气血医学），属于能量医学的范畴。中国医学认为气与血各有其不同作用而又相互依存，以营养脏器组织，维持生命活动。

红色圈代表现代医学的内科（化学医学），是透过病史询问或面谈后，进行理学检查，获得诊断后根据病人的状况使用化学药物或介入性治疗的医学。

化学医学
机械医学
气血医学

三原色相对应的医学三原素

蓝色圈代表现代医学的外科（机械医学），是以手术切除、修补为主要治病手段的医学。

红、黄、蓝色圈交错的部分也就代表着化学医学、机械医学及能量医学的完整性，可以说是完整的“身体医学”。“医学三原素”的思维模式改变了医学整体的哲学观，于是便有了回归自然，顺服自然的行医方式，使得可以不需要药物治疗仅是以维护体质基础、保养身体的方法，善用自然界给人体的天赋，如自然免疫力、自身痊愈力来帮助诸多病患者脱离苦海。

1.3 人体的七色密码

根据对太阳光不同的吸收和反射，自然界中的植物可以被分成七种颜色：绿、黄、橙、红、紫、黑、白。而我们的身体则包含了这七种颜色，下面让我们一起来解开人体的七色密码！

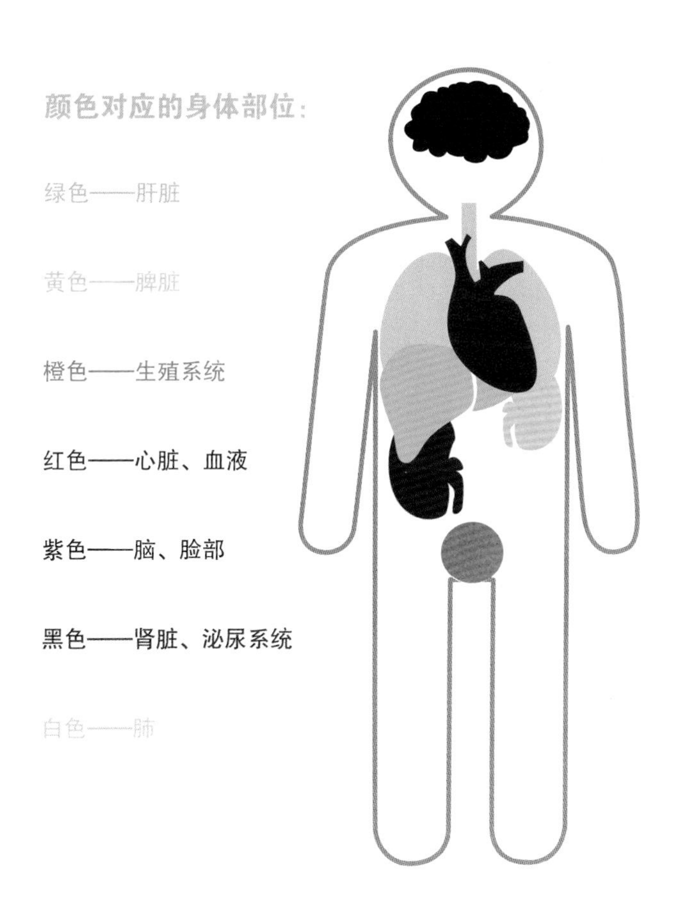

1.3.1　绿色

绿色是“爱”的颜色，同时也代表着和平、生机与希望。

对应部位：肝脏。

对应情绪：平静，绿色的能量可以让人从哀伤、焦虑、悲伤和痛苦中恢复过来，提高活力和愉悦感。

1.3.2　黄色

黄色是明亮、轻快的颜色，代表着勇气、温暖和光明。

对应部位：脾脏。

对应情绪：不稳定，黄色的能量可以调动人的情绪（积极和消极情绪都有可能）。

1.3.3　橙色

橙色是亮眼的颜色，代表着欢乐、明亮和热情。

对应部位：生殖系统。

对应情绪：兴奋，橙色的能量可以让人感觉到很愉快和欢乐。

1.3.4　红色

红色是最温暖的颜色，在中国代表着吉祥，而在大自然中则有“警告之意”。

对应部位：心脏、血液。

对应情绪：激情，红色的能量较为强烈可以抵消愤怒等负面情绪和思想。

1.3.5 紫色

紫色是最神秘的颜色，代表着思维、智慧和高贵。

对应部位：脑、脸部。

对应情绪：敏感，紫色的能量是强大的灵性能量能平衡和控制神经系统活动。

1.3.6 黑色

黑色是具有包容性的颜色，代表着严肃、成熟，在大自然中黑色代表着死亡。

对应部位：肾脏、泌尿系统。

对应情绪：压抑，黑色的能量可以给人严肃甚至恐怖的情感反应。

1.3.7 白色

白色是明度最高的颜色，代表着纯洁、朴素和光明。

对应部位：肺。

对应情绪：沉默，白色的能量可以与其他任意颜色的能量相结合以达到加强的效果。

1.3.8 七彩饮食让我们更有活力

根据人体与七色的关系，我们需要“七彩饮食”，是指在选择红、橙、黄、绿、紫、黑、白七种不同颜色的食物种类，这些食物含有丰富的类胡萝卜素及类黄酮，具有强大的抗氧化特性，可以帮助清除人体内过多的自由基，减少癌症发生的机会。还能使血管通畅、帮助排便。另外还含有丰富的维生素和矿物质，可调节身体机能，让我们更有活力！

CHAPTER

2

神奇的七色蔬果

2.1 七色蔬果的秘密——植化素

蔬菜所呈现的各种颜色是源自于其中所含有的不同的“植化素”，是指蔬菜和水果中所含有的一种有机成分。除了表现为颜色以外，植化素还会表现为各种刺激味道、香气等，据说数量达一万种之多。

人类不可或缺的传统营养素有六种：碳水化合物、蛋白质、脂质、维生素、矿物质以及膳食纤维。随着社会的不断发展，在压力、不规律生活以及环境污染等影响下，我们身体每天都在产生氧化作用，但是我们身体内部自身的抗氧化物质根本不足以对抗这么多的活性氧。

于是，蔬果中的植化素便逐渐受到瞩目，甚至成为防癌的最新研究目标之一。因为它能去除体内的活性氧，提高免疫力，使身体更强壮。因此，植化素近年来被称为是“第七种营养素”。

七色蔬果的秘密就是借助不同颜色的蔬果所蕴含的各种营养物质，补充人体所需。想要对症吃蔬果，就必须要知道这些蔬果具有哪些功效。

植化素有什么作用呢？

抑制癌血管增生

使癌细胞成长的血液营养供应停止，不再生长与转移。

细胞良性分化

促进癌细胞由恶性转化为良性，抑制其分裂成长。

促进癌细胞凋亡

促进癌细胞死亡，并且控制其成长。

抗氧化（自由基）作用

增强人体抗氧化作用，避免自由基的产生，减少癌细胞的形成。

2.2 绿色蔬果

蔬果为什么是绿色的?

绝大部分的蔬果都是绿色的，蔬果呈绿色和植物叶绿体中所含的光合作用色素有关。色素成分“叶绿素”，会吸收紫、黄、红色的光，进行光合作用；对于绿色的光，则会呈现反射状态，也就是蔬果会呈现鲜艳绿色的原因。

中医看绿色蔬果

从中医五行学的角度来看，绿色入肝，即绿色蔬果可以提高肝脏之气。具体的来说就是，绿色蔬果有益于肝气循环、代谢，有益于消除疲劳、舒缓肝郁、防范肝疾，同时也能明目，保健视神经，提升免疫功能。

营养学看绿色蔬果

营养学家认为，绿色蔬果含有丰富的矿物质和纤维素，更含有其他食物所匮乏的叶绿素，因此一直被誉为“生命元素大本营”。其中的纤维素能刺激肠胃蠕动，预防便秘；同时，还含有大量的钙，因此吃绿色蔬果被营养学家视为最好的补钙途径。

秋葵

营养成分：胡萝卜素、维生素 A、钙、可溶性纤维、黏蛋白

功效：秋葵均衡的营养有助于预防感冒、增强身体的免疫力，被许多国家定为运动员的首选蔬菜，其中它含有特殊的具有药效的成分，能强肾补虚，分泌的黏蛋白有保护胃壁的作用。

Tips：①要选择大小适中、深绿色、表面绒毛均匀棱角分明、手感柔软的秋葵。

②可直接用水煮，如不喜欢黏汁，可以煮得稍微久一点。

番石榴

营养成分：维生素 C、果糖、胡萝卜素、钾、钙

功效：番石榴含有丰富的维生素 C、钾，能改善高血压、气管炎、糖尿病及腹泻的症状，有开胃及帮助消化的功能。

Tips：①要选择表皮为浅绿色、无损伤的番石榴。

②番石榴的籽可开胃健脾，但吃多了会便秘。

牛油果

营养成分：钾、油酸、脂肪、维生素 E、膳食纤维

功效：牛油果有“森林奶油”的美称，含有丰富的脂肪、维生素及膳食纤维，可预防动脉硬化、高血压及增强体力。

Tips：①轻轻用手握住，感觉有弹性、较不软嫩的牛油果才是成熟的。

②食用时加一点柠檬汁可促进牛油果中的脂肪分解，吃起来更健康。

西芹

营养成分： 芹菜碱、膳食纤维、维生素 C、钾

功效： 西芹的根茎含有丰富的钾和膳食纤维，有整肠、消除便秘、降低胆固醇和维持血压正常等功效。

Tips： ①选择叶柄肥厚、坚硬、富有光泽的。

②西芹中的钾加热时容易流失，可生吃或连同汤汁一起食用。

芦笋

营养成分： 铁、钾、膳食纤维、芸香素、天门冬素

功效： 芦笋含有丰富的营养成分，有助于预防心血管疾病、癌症。所含的叶酸可满足胎儿成长需要，为孕期最需补充的营养成分。

Tips： ①选择挺直、尾端鳞片紧密结实的。

②芦笋要保持鲜绿，可在水中放些许盐、油，稍微水煮即可。

小白菜

营养成分： 胡萝卜素、维生素 C、钙、磷

功效： 小白菜含有丰富维生素 C，可以增强身体抵抗力，能对抗感冒，预防成人慢性病，防止皮肤和黏膜的老化。

Tips： ①选择叶片完整，呈鲜绿色，叶茎雪白、肥厚，含水分较多的。

②小白菜煮熟时，钙会变成不溶性无机钙，难以被人体吸收。

菠菜

营养成分： 维生素B、维生素C、铁、胡萝卜素、叶酸、

功效： 菠菜含有丰富的维生素和矿物质，其中以维生素B、C和胡萝卜素及铁含量最多，有助于预防感冒、贫血、高血压以及癌症等成人慢性病。

Tips： ①选择叶片呈深绿色的，营养价值较高的。

②菠菜内草酸比较高，应该避免与豆腐等钙质过多的食物搭配。

生菜

营养成分： 膳食纤维、维生素C、甘露醇、莴苣素、钾

功效： 生菜除了可以开胃、解郁外，还有促进生长发育、增强体力、抗老化、利尿、帮助哺乳期妇女增加泌乳量。

Tips： ①选择叶片翠绿、切口新鲜，西生菜则要看叶片紧实和握在手上有沉重感。

②生菜属于凉性蔬菜，体质虚寒、肠胃不适者不宜摄取太多。

小青瓜

营养成分： 维生素A、维生素C、葫芦素、氨基酸

功效： 小青瓜90%以上都是水分，可以消除口渴，解除体内燥热。

Tips：①选择外皮深绿、外形饱满、瓜蒂滋润、表面的瓜刺尖锐、表面有一层白色粉末。

②小青瓜含有破坏维生素 C 的酵素，使得水果中的维生素 C 分化不易吸收，食用时加些醋可以改善。

西兰花

营养成分：维生素 A、维生素 C、铁、磷、萝卜硫素

功效：西兰花含有丰富的膳食纤维，可以控制血糖值；而且还有类似胰岛素效果的成分，有助改善糖尿病。

Tips：①选择叶片呈深绿色的、切口新鲜、叶片紧实和握在手上有沉重感。

奇异果

营养成分：维生素 C、烟碱酸、叶黄素、膳食纤维

功效：奇异果含有丰富的维生素 C，可预防黑斑、雀斑及血管老化，还有钾及食物纤维，可以预防感冒、高血压及便秘。

Tips：①以果实饱满、绒毛密布者为佳。

②奇异果含有大量的蛋白分解酵素，适合与肉类搭配食用，可避免消化不良。

2.3 黄色蔬果

蔬果为什么是黄色的?

无论是黄色或者是淡黄色的蔬菜、水果都让人有很健康的感觉。蔬果呈黄色，同样和植物中所含的色素有关。像是属于多酚类的“类黄酮”，或是属于类胡萝卜素的“叶黄素”，都是黄色蔬果的色素成分，具有很好的抗氧化作用，可对抗因光合作用形成的不良物质。

中医看黄色蔬果

从中医五行学的角度来看，黄色入脾，即黄色蔬果可以提高脾脏之气。具体的来说就是，黄色蔬果被摄入后，其中的营养物质主要集中在脾胃区域，经常食用对脾胃有很大的好处。

营养学看黄色蔬果

营养学家认为，黄色蔬果多半含有丰富的维生素C及膳食纤维，可以养颜美容、增强抵抗力及排除身体中的毒素。黄色蔬果还是高蛋白、低脂肪食品中的佳品。此外，黄色蔬果还可以提供碳水化合物、维生素A、D和B族、不饱和脂肪酸以及钙。

柠檬

营养成分：柠檬酸、维生素 C、钾、钙、镁

功效：柠檬含有大量的维生素C,可预防感冒、黑斑、雀斑及改善坏血病症状，柠檬的酸味成分，还具有消除疲劳的效果。

Tips：①选择表皮没有斑点，外观为黄绿色的，重量较重比较多汁。

②柠檬表皮粗糙，凹处容易附着污垢，因此清洗宜用少许盐搓揉，再用清水洗净。

芒果

营养成分：维生素 A、维生素 C、芒果苷、钾、镁

功效：芒果含有丰富的维生素 A，可以养颜美容及预防癌症。还有维生素 C、钾及其他矿物质，可预防动脉硬化及高血压。

Tips：①选择表皮黄澄且带有褐色的斑点，果实摸起来有弹性者为佳。

②用芒果做菜，不宜在锅中煮太久，以免果肉过烂，失去口感。

橙

营养成分：维生素 C、维生素 P、橙皮苷、钾、膳食纤维

功效：橙含有丰富的葡萄糖、维生素 C 及膳食纤维，具有帮助消化、养颜美容、治疗便秘、利尿及促进新陈代谢的功效。

Tips：①选择表皮金黄色的具色泽，香气与浓郁，

果肉越甜美多汁。

②橙烹煮时最好不要煮到沸腾，以免破坏维生素 C。

营养成分：维生素 B_1、镁、钙、膳食纤维、菠萝酶

功效：菠萝含有维生素 B_1，可以增进新陈代谢，有效消除疲劳。含有淀粉、蛋白质，有解热退火及促进食欲的功效。

Tips：①选择香气浓郁、表皮深黑、带有光泽，叶子呈深绿色的。

②菠萝食用前先浸泡盐水，可去除酸味及涩味。

营养成分：维生素 C、镁、磷、钾、姜醇

功效：姜含有挥发性的姜烯酚、姜油酮、姜油醇等，对口腔和胃粘膜有刺激作用，能促进消化液的分泌，有助消化、增进食欲，并能增强血液循环，有健胃作用。

Tips：①嫩姜选择肥大饱满、表面洁白、容易折断者，老姜则要选择外形饱满，不干枯、没有腐烂者。

②老姜可连皮食用，嫩姜则要用保鲜膜包起，但不能保存太久。

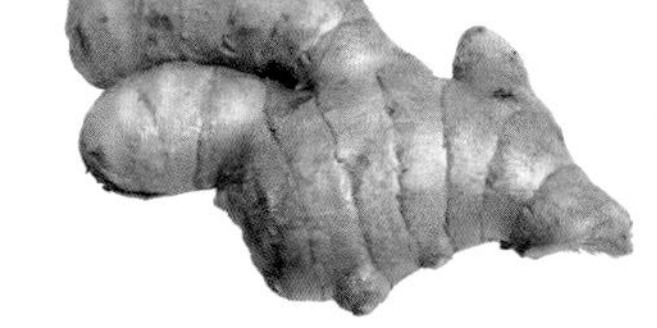

2.4 橙色蔬果

蔬果为什么是橙色的?

蔬果呈橙色跟光合作用有关。植物吸收太阳光进行光合作用后，会自行生成具有抗氧化作用的色素，以避免受过多活性氧及紫外线侵袭。为了繁衍后代，逐渐成熟的果实，会呈现看起来美味的橙色，这是对鸟、虫等动物们释放的一种讯号。

营养学看橙色蔬果

营养学家认为，橙色的蔬果多半含有胡萝卜素，也就是维生素 A 原，具有抗氧化、预防癌症和调整胆固醇的作用。同时，橙色蔬果具有保护眼睛、维持呼吸道黏膜健康、润泽肌肤等多种功效，是每个人必须多吃的食物。

百香果

营养成分： 维生素C、茄红素、钾、膳食纤维、β-胡萝卜素

功效： 百香果含丰富的糖类、维生素A和纤维质等营养，具有生津止渴、滋润肌肤及帮助消化的效果。

Tips： ①选择果皮带有皱纹，颜色较深，果实大而完整的比较理想。

②含有丰富的钾，患有肾脏方面疾病的人不宜食用过量。

木瓜

营养成分： 维生素A、维生素C、钾、镁、木瓜酵素

功效： 木瓜含有维生素A、C及食物纤维，可防止便秘及坏血病；木瓜酵素也有帮助消化、消胀气及改善伤口发炎的功效。

Tips： ①选择摸起来较硬、较重，外形偏椭圆。

②木瓜含有丰富的蛋白质酵素，适合炖猪肉类，使肉质更加柔嫩。

南瓜

营养成分：维生素 B、维生素 C、淀粉、钙、胡萝卜素

功效：南瓜中的维生素 A 含量高，可抗老化、促进营养的代谢、保持自律神经稳定。

Tips：①选购时重量足、外皮光滑，无坑洞，握在手上有沉重感是上品。

②南瓜本身带有甜味，烹煮时，不需要加太多糖。南瓜的外皮营养十分丰富，最好能一起食用。

胡萝卜

营养成分：维生素 A、钾、烟碱酸、膳食纤维

功效：胡萝卜具有平衡血压、帮助血液循环、净化血液、促进新陈代谢、强化肝脏机能及清理肠胃的功用，是天然的综合维他命丸。

Tips：①选择新鲜的胡萝卜表皮光滑，色泽佳，形状匀称而且结实。

②胡萝卜含有丰富的 β-胡萝卜素，是脂溶性维生素，和油脂一起食用，吸收才会好。

哈密瓜

营养成分： β－胡萝卜素、钾、维生素 A

功效： 哈密瓜可防止细胞受到有害物质的伤害，具有防癌排毒能力，能促进人体的造血机能，对贫血的人有益。

Tips： ①选择表皮纹路明显展开且分布均匀的。

②因其中钾离子含量较高，肾脏衰竭者和洗肾患者而言，要小心食用。

柑

营养成分： 维生素 A、维生素 C、果胶、柠檬酸、橘皮苷

功效： 柑可增强免疫力、预防细胞氧化病变，具有防癌抗老功能。也可以防止黑色素沉淀，具有美白肌肤、淡化斑点的功能。

Tips： ①选择果皮结实有弹性、果实比较重的。

②柑橘不能和白萝卜和牛奶一同进食。

柿子

营养成分：维生素 A、维生素 C、钾、单宁酸

功效：柿子能润肺止咳、化痰、清热生津、降血压；柿霜能补虚劳不足。

Tips：①选择大颗且果实完整，颜色达到成熟时应有的色泽，无损伤的较好。

②不能空腹食用。

2.5 红色蔬果

蔬果为什么是红色的?

红色蔬果在吸收了盛夏强烈的日光后，果实会逐渐成熟，转变为深红色。其中一个目的是要吸引动物的目光，让它们可以帮忙散播种子。另一个原因，就是红色蔬果中含有“茄红素”，能保护蔬果本身不受内部产生的活性氧以及紫外线影响。

中医看红色蔬果

从中医五行学的角度来看，红色入心，即红色蔬果可以提高心脏之气，可补血、生血、活血。红色蔬果进入人体后能入血，具有益气补血和促进血液、淋巴液生成的作用，增强心脏和气血功能。

营养学看红色蔬果

营养学家认为，红色蔬果中含有丰富的茄红素、胡萝卜素、铁和部分氨基酸，是多种优质蛋白质、碳水化合物、膳食纤维、维生素 B 族和多种无机盐的重要来源，可以弥补大米、白面当中的营养缺失。此外，红色蔬果中还含有致病微生物的杀手——巨噬细胞，可以提升免疫力，保持年轻，避免疾病上身。

苹果

营养成分：维生素 B_1、烟碱酸、钾、膳食纤维、果胶

功效：苹果含有糖类、果胶、钾、苹果酸及纤维素，有助于整肠消化、养颜美容、降血压及生津解渴。

Tips：①挑选表皮光滑、颜色鲜红、用手指轻弹声音清脆者。

②苹果皮含有丰富营养，洗净后最好连皮食用。

番茄

营养成分：维生素 A、维生素 C、钾、膳食纤维、茄红素

功效：番茄含有大量的维生素 C、P 及钙、磷、铁，有降低胆固醇、防治高血压的功效；还有番茄素，可以分解脂肪，帮助消化。

Tips：①挑选表皮光滑、果实饱满、果蒂为鲜绿色且尚未脱落的较新鲜。

②番茄快速去皮，可在表皮上划十字，放入热水中烫一下，捞出后即可轻松去皮。

甜椒

营养成分：维生素 C、β-胡萝卜素、维生素 P、辣椒红素

功效：甜椒含有丰富的维生素 C，只要吃两个就可以满足人体一天所需的维生素 C；β-胡萝

卜素是强而有力的抗氧化剂，能增强免疫力，减少心脏病的和癌症的发生。

Tips： ①选择果形端正，肉质厚实、颜色均匀、外表光滑、切口新鲜者。

②由于蒂部容易累积农药，必须将蒂切除后冲洗。

火龙果

营养成分： 钙、磷、铁、维他命族群

功效： 火龙果的果、茎、花含有质地优良的植物性蛋白，对重金属污染有解毒作用，也有保护胃壁的作用。花青素可抗氧化、抗自由基和抗衰老的作用。

Tips： ①选择果形端正没有碰撞痕迹，且重量厚实、果肉丰满者。

②以大量清水冲洗后，去除果皮即可。

西柚

营养成分： 维生素 A、维生素 C、叶酸、钾、膳食纤维

功效： 西柚的粉红色果肉含有较多的抗氧化营养成分，可除去自由基；丰富的生物类黄酮素，能将脂溶性的致癌物质转化为水溶性的，有助于排出体外。

Tips： ①选择果实饱满、有弹性、表皮亮且有光泽者佳。

②清水冲洗后切片或剥皮食用。

石榴

营养成分： 钾、维生素 C、维生素 B、红石榴多酚

功效： 石榴有生津止渴，改善口渴烦热的作用，还可以抑菌止泻，可改善腹泻久痢，有抗氧化作用，可预防心血管疾病。

Tips： ①选择表皮光亮饱满，放在手心有沉重感。

②石榴吃多了会损伤肺气，便秘的人不可多食。

营养成分：环磷酸腺苷、钾、维生素 C、钙

功效：枣能健脾益胃,改善脾胃虚弱,还可养血安神，维生素含量高，可预防感冒，提高免疫力。

Tips：①选择卵圆形，饱满圆润的。

②枣不宜空腹食用，易伤胃。

营养成分：甜菜碱、镁、果胶、叶酸

功效：红菜头具有健胃消食、止咳化痰、顺其利尿、消热解毒、肝脏解毒等功效，其中独有的甜菜碱可加速人体对蛋白质的吸收改善肝功能。

Tips：①选择直根扁球状、球状、锥状直到长锥状，皮肉一般为深红色至深紫红色，间有近乎白色者较好。。

②红菜头含纤维少，质地致密柔嫩，适于煮食或炒食，也可生食作为沙拉。

2.6 紫色蔬果

蔬果为什么是紫色的？

蔬果呈紫色是因为含有色素成分"花青素"。花青素会呈现红、蓝、紫等颜色，随着环境变化，广泛分布在自然界中植物的紫色在古代被视为高贵的颜色，也被用来作为天然染料。我们也可以从紫色蔬果中获取强韧生命力。

营养学看紫色蔬果

营养学家认为，紫色的蔬果多半含有花青素，它是一种天然色素，在化学上属于黄酮类物质，可以维持正常的细胞联结、预防心血管疾病。它还是天然的阳光遮盖物，能够防止紫外线侵害皮肤；作为高强抗氧化剂，还能强化视力。此外，紫色蔬果中还含有丰富的碘，对神经系统发育有重要作用。

葡萄

营养成分： 维生素A、维生素C、葡萄糖、白藜芦醇、钾

功效： 葡萄的成分包括葡萄糖、矿物质及维生素，具有消除疲劳、恢复体力、预防贫血及利尿的功效。

Tips： ①以果粒大小均匀、饱满，色泽光亮，茎部无斑点者为佳。

②葡萄籽有助改善高血压和动脉硬化，在洗净的前提下可以多吃。

蓝莓

营养成分： 单宁酸、果胶、维生素C、花青素

功效： 蓝莓可预防心血管疾病、保护眼睛、增强眼睛对黑暗环境的适应能力，特别适合用眼过度的人食用；长期食用蓝莓可调节神经、养颜美容。

Tips： ①选择深紫色和蓝黑色之间的较为新鲜成熟。

②蓝莓冷藏要在0℃以下密封保存。

紫苏

营养成分：紫苏醛、木犀草素、花青素、钙、维生素A、维生素C

功效：紫苏具有防腐和促进食欲的作用，还具有促进胃液分泌，帮助肠胃消化吸收的作用。同时还具有抗过敏、消炎等作用。

Tips：①夏季的紫苏是当季的，最为新鲜，营养价值也较高。

②紫苏的杀菌功能可与生鱼片一起食用。

茄子

营养成分：茄色素、膳食纤维、绿原酸、钾

功效：茄子具有降低有害胆固醇和提高有益胆固醇的功效，还能去除体内过多的活性氧，具有抗氧化作用。

Tips：①选择茄子时要选颜色较深，表皮光滑无皱褶的。

②茄色素在茄子皮中，想要摄取茄色素就要带皮一块吃。

2.7 黑色蔬果

蔬果为什么是黑色的?

黑色蔬果指的是蔬果中含有让颜色变黑的酵素。例如香蕉在剥皮后静置一会就会发现咬过的地方开始变黑，原因是香蕉中的细胞被破坏。其中所含有的“绿原酸”接触到氧气后产生的现象，称为“褐变”，而绿原酸是多酚的一种。

中医看黑色蔬果

从中医五行学的角度来看，黑色入肾。多吃黑色的食物能帮助肾、膀胱、骨骼以及头发的新陈代谢，使多余水分不至于积存在体内造成体表水肿。

营养学看黑色蔬果

营养学家认为，黑色蔬果含有丰富的铁，可以改善气色，具有养颜美容的功效。目前在黑色蔬果中发现了 17 种氨基酸、14 种人体必需的微量元素及各类维生素，能增强人体免疫功能。

黑布林

营养成分：维生素 A、果酸、磷、膳食纤维

功效：黑布林含水量丰富，具有生津止渴、利尿及解酒醉的功效。另外，它的天然蛋白质能有效消除疲劳。

Tips：①应选果实饱满、果肉弹性佳、表面光滑的为佳。

②黑布林含有大量的果酸，食用过量容易引起胃痛，肠胃不好的人最好适量食用。

香蕉

营养成分：维生素 C、膳食纤维、钾、镁、绿原酸

功效：香蕉含有丰富的糖类、维生素 C、钾及食物纤维，可以补充体能、治疗便秘的功效。

Tips：①选择表皮金黄色的比较新鲜，买回来后在室温下放 2 至 3 天，直到表皮出现褐色斑点时再食用，味道更香甜。

②香蕉去皮后，附在果肉上的丝络略带苦涩，应该撕除以免破坏口感。

营养成分：维生素 B_1、钙、维生素 E、亚油酸、木质素

功效：芝麻可帮助糖类代谢，亦能强健骨骼，可改善血中脂肪、胆固醇，并能抗癌、补脑；还含有木质素可以分解宿醉的罪魁祸首——乙醛，可消除宿醉使身体恢复正常。

Tips：①选择颗粒分明、没有结块且破碎的。

②芝麻连皮食用不易消化，建议磨碎后食用。

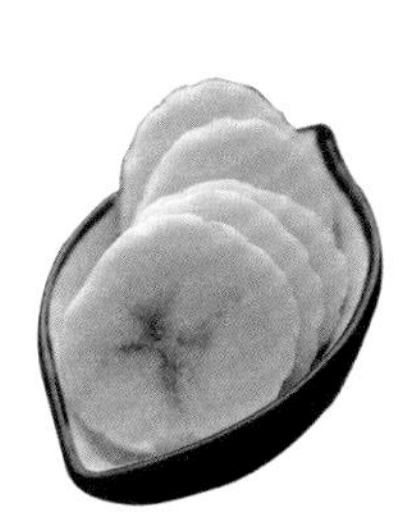

2.8 白色蔬果

蔬果为什么是白色的?

白色蔬果是因为阳光被遮蔽住所致的。植物被埋在土里或雪中的部分，由于没有照射到日光，所以无法进行光合作用。自古以来就采用“软白栽培”法，也就是成长过程中会将植物埋在土堆里，露出土壤的部分含有和其他绿色蔬菜一样的营养素，而埋在土壤里的部分则又白又嫩，含有特殊辛辣风味，等于一种蔬果可同时享受两层美味。

中医看白色蔬果

从中医五行学的角度来看，白色入肺，白色蔬果对应的脏器为肺和大肠，平日多吃对肺部帮助，对呼吸道疾病、排泄系统疾病具有改善效果。

营养学看白色蔬果

白色蔬果是蛋白质和钙的源泉，有助于安定情绪。白色蔬果中含有丰富的大豆异黄酮、大蒜素、槲皮素，有益于骨骼健康，能增强免疫力。多吃白色蔬果有利于维护心脏健康，降低胆固醇，降低患癌症的风险。

卷心菜

营养成分： 维生素 C、维生素 U、钾、膳食纤维、异硫氰酸酯

功效： 卷心菜维生素 C 丰富，只要吃一片就可以满足人体一天所需维生素 C 的 50%，还有去除活性氧、消除致癌物质毒性的功效。

Tips： ①选择叶片呈深绿色的、切口新鲜、叶片紧实和握在手上有沉重感。

②冬天的卷心菜较硬，适合煮火锅，春天的可以生吃。

水蜜桃

营养成分： 维生素 A、烟碱酸、钾、膳食纤维

功效： 水蜜桃含维生素 A 及食物纤维，可治疗便秘，还含有鞣酸及天然果糖，具有止咳化痰的功效。

Tips： ①要选表皮微软、外观呈乳白色带少许红晕、无碰伤情形的。

②水蜜桃去皮后立即滴上柠檬汁，可预防果肉变黄。

雪梨

营养成分： 维生素 C、烟碱酸、钾、镁、山梨醇

功效： 雪梨含有纤维质、钾及维生素 C，具有利尿、止咳、治疗便秘及降血压等功效。

Tips： ①选择表皮薄且光滑、果实较硬的。

②雪梨属于寒性水果，病后、体弱或有腹痛现象时不宜多吃，以免损伤脾胃。

洋葱

营养成分： 维生素 B_1、维生素 C、膳食纤维、硫化丙基

功效： 洋葱含有降血糖的营养物质——硫化丙基，对糖尿病患者颇有利，而且还能促进钠盐的排泄，进而使血压下降。

Tips： ①选择球体密实，无发芽及无根须者为佳。

②可在剥除表皮后在水中浸泡 20 分钟，即可缓解其刺激性。

芦荟

营养成分： 钙、镁、维生素 A、E、泛酸

功效： 芦荟中的芦荟胶具有抗生素、收敛剂和凝固剂的作用，可治疗伤口、加速受损细胞复原。

Tips： ①选择叶片厚实、翠绿、没有枯烂者。

②使用时要保留叶肉，因其中的木质素可使芦荟中的成分渗入皮肤。

大蒜

营养成分： 维生素 B_1、维生素 B_2、维生素 E、磷、硒

功效： 大蒜具有挥发性的硫化丙烯类化合物的蒜素。蒜素具有强烈的杀菌作用，可以杀死入侵人体的细菌，还可以促进身体吸收维生素 B1，帮助恢复体力，促进血液循环、预防动脉硬化。

Tips： ①选择外皮完整、洁白，握在手上感觉沉重，蒜瓣大片而结实，没有长芽者。

②食用时再去蒂、剥皮、清洗。

白萝卜

营养成分：维生素 A、维生素 C、锌、木质素

功效：白萝卜可加强人体免疫功能；膳食纤维有助于肠胃消化，可预防大肠癌；其中的木质素、芥子油中的成分可预防癌症。

Tips：①选择表皮平整光滑、结实饱满有重量、没有裂痕、用手指轻弹有清脆声响者为佳。

②煮之前再进行切割，避免维生素 C 的流失。

山药

营养成分：黏蛋白、淀粉酶、胆碱

功效：山药可以缓解人体餐后血糖值的上升，并能抑制胰岛素的分泌，有助于消化淀粉。

Tips：①选择须毛较多，较重的，横切面呈雪白色的比较好。

②山药加热后营养成分会遭到破坏，建议尽量生吃。

CHAPTER 3 七色蔬果汁对抗亚健康

3.1 压力大

负性压力会引起人体细胞老化或退化。引发负性压力的因素有很多，其中包括先天体质、饮食中的毒素积累和营养失衡等。通过健康食物来调整负性压力是使身体复原最佳的选择。

为了缓解压力，应该多食用含有维生素 C、维生素 B 群、钙和镁的食物，如奇异果、柑和小青瓜。

3.1.1

奇异果蔬菜汁

材　料：奇异果 100g（约 1 个）、小青瓜 60g（约 1 条）、西兰花 50g、水 150ml、冰块 5 粒。

调味料：蜂蜜 1 茶匙、柠檬汁 1 茶匙。

做　法：①将西兰花洗净用热水焯一下，捞出后在冷开水里过一遍，然后切碎。

②将小青瓜洗净并切成适当大小，奇异果去皮、切块。

③把所有材料以及冰块放入料理机，并加水、蜂蜜和柠檬汁。

④用料理机进行搅拌榨汁。

⑤若考虑口感，可用滤网滤除果菜渣，装杯。

3.1.2

番 茄 酸 奶

材　料：番茄 80g、原味酸奶 180g、水 50ml、冰块 5 ~ 10 粒。

做　法：①在番茄表面划几刀，然后放入沸水中，皮裂开后捞出。

②剥去番茄的表皮，将番茄切块。

③把番茄以及冰块放入料理机，并加水和酸奶。

④用料理机进行搅拌榨汁，然后装杯。

3.1.3

柑　蜜　汁

材　料：柑 2 个、水 100ml、冰 10 粒。

调味料：蜂蜜 1 茶匙、柑皮少许、柠檬汁 1 茶匙。

做　法：①将柑去皮、掰成块并去籽。

②用刨丝器刨少许柑皮丝备用。

③把柑肉以及冰块放入料理机，并加水、蜂蜜和柠檬汁。

④用料理机进行搅拌榨汁，然后装杯，加上柑皮。

3.2 疲劳

疲劳是现代人的常见身体异常状况，导致疲劳的因素包括情绪问题（如焦虑、抑郁、愤怒等）、超荷性工作和不稳定的生活方式。同时，慢性病也是让人感觉疲劳的原因之一。所以，补充适当的营养素是缓解疲劳的首选方法。

为了消除疲劳，应该多食用含有维生素 C、E、维生素 B 群、铁、锌和镁的食物，如葡萄、紫苏等。

3.2.1

葡萄蔬菜汁

材　料：红葡萄 200g（约 20 粒）、西兰花 50g、水 200ml。

调味料：蜂蜜 1 茶匙、柠檬汁 1 茶匙。

做　法：①将西兰花洗净用热水焯一下，捞出后在冷开水里过一遍，然后切碎。

②将葡萄洗净、切半。

③把所有材料放入料理机，并加水、蜂蜜和柠檬汁。

④用料理机进行搅拌榨汁。

⑤如考虑口感，可用滤网滤除果菜渣，装杯。

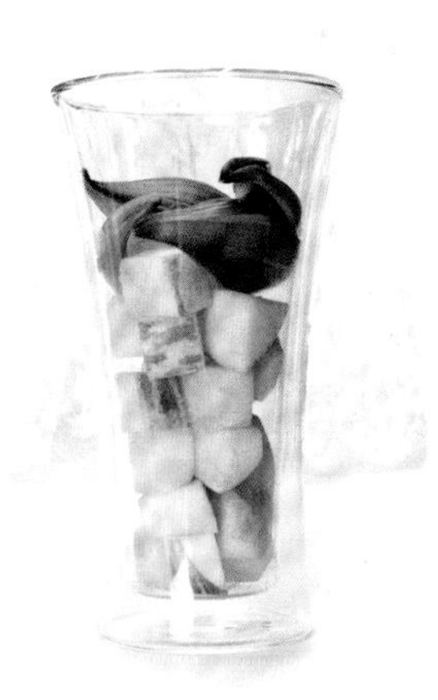

3.2.2

苹果洋葱汁

材　料：洋葱 50g、苹果 125g（约 1/2 个）、水 150ml、冰块 5 ~ 10 粒。

做　法：①将洋葱洗净用热水煮熟，捞出后在冷开水里过一遍，然后切碎。

②将苹果洗净、切成适当大小。

③把所有材料以及冰块放入料理机，并加水。

④用料理机进行搅拌榨汁。

⑤如考虑口感，可用滤网滤除果菜渣，装杯。

3.2.3

布林紫苏汁

材　料：紫苏叶4片、黑布林250g（约12粒）、薰衣草干20g、热水200ml。

调味料：蜂蜜1茶匙。

做　法：①将紫苏叶洗净、切碎。

②将黑布林洗净去核、切片。

③用热水把薰衣草泡出味道，留薰衣草茶备用。

④把所有材料放入料理机，并加薰衣草茶和蜂蜜。

⑤用料理机进行搅拌榨汁。

⑥如考虑口感，可用滤网滤除果菜渣，然后装杯。

3.3 焦虑

焦虑是一种由内在忧虑、不安、担心所引起的紧张感。同时是一种对某特定事物，或想象的、未知的危险所做出的身心反应。其中负性压力也是引发焦虑的一个原因，当抗压系统减弱的时候，焦虑也会增强，从而引发病理性的焦虑。

为了缓解焦虑，应该多食用含有抗氧化维生素、维生素 B 群、钙和镁的食物，如香蕉、木瓜和菠萝。

3.3.1

白菜苹果奶

材　料：苹果125g（约1/2个）、小白菜50克、水100ml、牛奶50ml、冰块5～10粒。

调味料：柠檬汁1茶匙。

做　法：①将小白菜洗净、切碎。

②将苹果洗净、切成适当大小。

③把苹果和白菜放入料理机加水进行搅拌榨汁，如考虑口感，可用滤网滤除果菜渣，留汁备用。

④把果汁以及冰块放入料理机，并加牛奶和柠檬汁。

⑤用料理机进行搅拌榨汁，然后装杯。

3.3.2

木瓜香蕉奶

材　料：木瓜100g（约1/ 4个）、香蕉50g（约1/2条）、水100ml、牛奶50ml、冰块5 ~ 10粒。

调味料：蜂蜜1茶匙。

做　法：①将香蕉去皮、切块。

②将木瓜去皮挖籽、切成适当大小。

③把所有材料以及冰块放入料理机，并加水、蜂蜜和牛奶。

④用料理机进行搅拌榨汁，然后装杯。

3.3.3

木瓜菠萝汁

材　料：木瓜 100g（约 1/4 个）、菠萝 100g、水 150ml、冰块 5 粒。

调味料：柠檬汁 1 茶匙。

做　法：①将菠萝去皮、切成适当大小。

②将木瓜去皮挖籽、切块。

③把所有材料以及冰块放入料理机，并加水和柠檬汁。

④用料理机进行搅拌榨汁，然后装杯。

3.4 失眠

失眠是指晚上不容易入眠、容易醒，醒后难再入睡或睡醒后仍感疲乏，影响白天的工作和生活。导致失眠原因有很多，但多与生活规律失常和压力过大有关。改善失眠首先应该从调整饮食开始。

为了解决失眠问题，应该多食用含有维生素B群、钙和镁的食物，如芹菜。

3.4.1

西　芹　汤

材　料：西芹 120g（约 1/2 ~ 2 支）、热水 250ml。

调味料：盐 2g。

做　法：①将西芹洗净、切块。

②把西芹放入料理机，并加热水。

③用料理机进行搅拌榨汁。

④如考虑口感，可用滤网滤除果菜渣，装杯并加入盐。

3.4.2

牛油果哈密瓜汁

材　料：哈密瓜200g、牛油果100g(约1/2个)、水150ml、冰块5粒。

调味料：蜂蜜1茶匙。

做　法：①将牛油果去皮去核、切块。

②将哈密瓜去皮挖籽、切成适当大小。

③把所有材料以及冰块放入料理机，并加水和蜂蜜。

④用料理机进行搅拌榨汁，装杯。

3.4.3

百香果蔬菜汁

材　料：西芹50g（约1/2-1支）、百香果1个、黄甜椒1/2个、水100ml、冰块5粒。

做　法：①将西芹、黄甜椒洗净、切块。

②将百香果挖出果肉和果汁备用。

③把所有材料以及冰块放入料理机，并加水。

④用料理机进行搅拌榨汁。

⑤如考虑口感，可用滤网滤除果菜渣，然后装杯。

3.5 易怒（情绪难以自控）

情绪难以自控主要表现为容易被激怒、抱怨过多和恐惧感增加等。当这种状态的持续时间延长，身体就会出现烦躁、癌症、便秘和容易腹泻等问题。

为了控制情绪，应该多食用含有维生素 C、A、维生素 B 群和钙的食物，如西柚和柠檬。

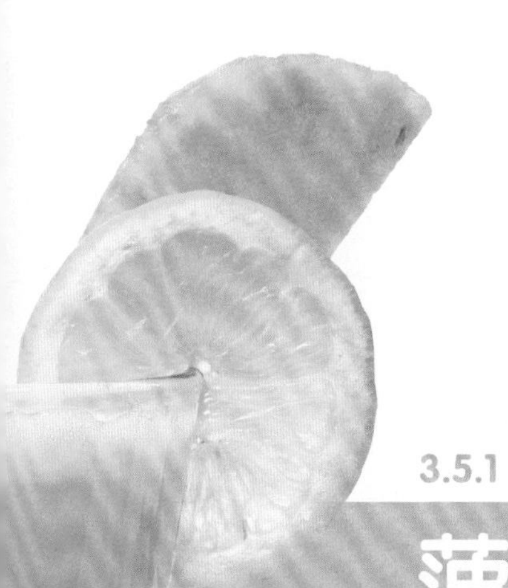

3.5.1

菠萝柠檬汁

材　料：菠萝100g、水125ml、冰块5 ~ 10粒。

调味料：柠檬汁3茶匙。

做　法：①将菠萝去皮、切成适当大小。

②把所有材料以及冰块放入料理机，并加水和柠檬汁。

③用料理机进行搅拌榨汁。

④如考虑口感，可用滤网滤除果菜渣，然后装杯。

3.5.2

牛油果核桃豆奶

材　料：核桃 3 个、牛油果 100g（约 1/2 个）、豆奶 250ml。

做　法：
1. 将牛油果去皮去核、切块。
2. 取出核桃仁备用。
3. 把所有材料放入料理机，并加水和豆奶。
4. 用料理机进行搅拌榨汁，然后装杯。

3.5.3

西柚苹果汁

材　料：苹果 250g（约 1 个）、西柚 100g（约 1/2 个）、水 100ml。

调味料：蜂蜜 1 茶匙。

做　法：①将苹果洗净、切块。

②将西柚果肉取出备用。

③把所有材料放入料理机，并加水和蜂蜜。

④用料理机进行搅拌榨汁。

⑤如考虑口感，可用滤网滤除果菜渣，装杯。

3.6 情绪低落

情绪低落是现代社会的一种常见的情绪反应，通常与挫败感有关，容易引起个人生活兴趣度降低、自信心下降。

这种情况出现时需要为身体补充足量的维生素 B 群、维生素 C 和维生素 E 来改善情绪低落的状态，如多吃柠檬和柑。

3.6.1

西柚西芹汁

材　料：西芹 50g（约 1/2 ~ 1 支）、西柚 200g（约 1 个）、水 100ml、冰块 5 ~ 10 粒。

调味料：柠檬汁 1 茶匙。

做　法：①将西芹洗净、切块。

②将西柚去皮取出果肉备用。

③把所有材料以及冰块放入料理机，并加水和柠檬汁。

④用料理机进行搅拌榨汁。

⑤如考虑口感，可用滤网滤除果菜渣，然后装杯。

3.6.2

芒果柑汁

材　料：柑1个、芒果140g、水100ml。

调味料：蜂蜜1茶匙。

做　法：①将柑去皮、掰成块并去籽。

②将芒果去皮去核、切块。

③把所有材料放入料理机，并加水和蜂蜜。

④用料理机进行搅拌榨汁，然后装杯。

3.6.3 柠 檬 酸 奶

材　料：酸奶 120g、水 160ml。

调味料：柠檬汁 5 茶匙、蜂蜜 2 茶匙。

做　法：①在酸奶中加入水、柠檬汁和蜂蜜

②用料理机进行搅拌榨汁，然后装杯。

3.7 记忆力下降

记忆力下降通常与大脑血液循环不良、神经传导功能下降有关，主要是因为脑神经细胞被破坏而使记忆力减退。

需要补充锌、维生素 C、维生素 E、铁和喝足量的水，可以多吃些苹果和西芹。

3.7.1

生菜蔬果汁

材　料： 生菜 60g、西芹 20g、番茄 60g、苹果 100g（约 1/2 个）、水 100ml、冰块 5 ~ 10 粒。

调味料： 蜂蜜 1 茶匙。

做　法： ①在番茄表面划几刀，然后放入沸水中，皮裂开后捞出。

②剥去番茄的表皮，将番茄切块。

③将其他材料洗净、切成适当大小。

④把所有材料以及冰块放入料理机，并加水和蜂蜜。

⑤用料理机进行搅拌榨汁。

⑥如考虑口感，可用滤网滤除果菜渣，然后装杯。

3.7.2

香蕉西芹汁

材　料：香蕉 100g（约 1 条）、西芹 50g（约 1/2 ~ 1 支）、水 150ml、冰块 5 ~ 10 粒。

调味料：蜂蜜 1 茶匙。

做　法：①将西芹洗净、切块。

②将香蕉去皮、切块。

③把西芹放入料理机加水进行搅拌榨汁，若考虑口感，可用滤网滤除果菜渣，留汁备用。

④把香蕉和西芹汁以及冰块放入料理机，并加蜂蜜。

⑤用榨汁机进行搅料理汁，然后装杯。

3.7.3

芦笋芦荟汁

材　料：芦笋 100g、芦荟 100g、水 50ml、冰块 5 粒。

调味料：蜂蜜 2 茶匙。

做　法：①将芦笋洗净用热水焯一下，捞出后在冷开水里过一遍、切粒。

②将袋装芦荟粒用饮用水洗净备用。

③把所有材料以及冰块放入料理机，并加水和蜂蜜。

④用料理机进行搅拌榨汁，然后装杯。

3.8 脑力退化

大脑皮质中，DHA 是神经传导细胞的主要成分，但随着年龄的增长，脑中的 DHA 就会逐渐减少，容易引起脑部功能的退化。

因此，人体需要补充 DHA、多酵素、膳食纤维、蛋白质和足量的水，可以多吃一些西柚和苹果。

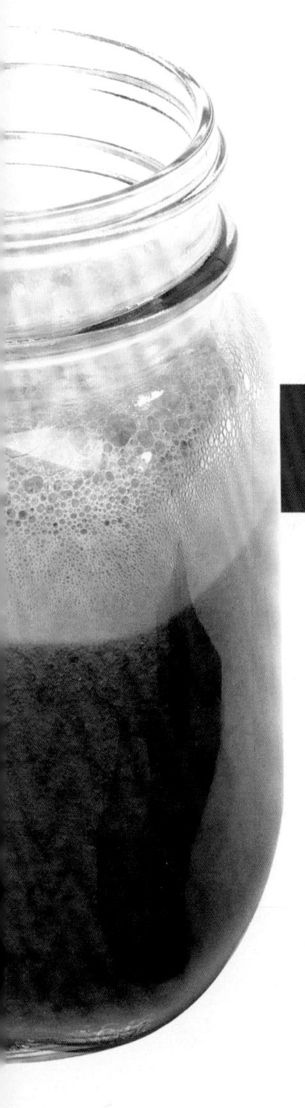

3.8.1

香蕉咖啡

材　料： 香蕉 50g（约 1/2 条）、豆奶 100ml、热水 50ml、冰块 5 ~ 10 粒。

调味料： 咖啡粉 1 茶匙。

做　法： ①将香蕉去皮、切块。

②用热水冲开咖啡备用。

③把所有材料以及冰块放入料理机，并加水、咖啡和豆奶。

④用料理机进行搅拌榨汁，装杯。

3.8.2

活力蔬果汁

材　料：胡萝卜 50g、生菜 100g、苹果 50g、水 100ml。

调味料：蜂蜜 1 茶匙、柠檬汁 1 茶匙。

做　法：①将生菜、苹果洗净、切块。

②将胡萝卜去皮、切块。

③把所有材料放入料理机，并加水、柠檬汁和蜂蜜。

④用料理机进行搅拌榨汁。

⑤如考虑口感，可用滤网滤除果菜渣，装杯。

3.8.3

维 C 苹果汁

材　料：橙 1 个、西柚 200g（约 1 个）、苹果 125g（约 1/2 个）、水 100ml。

调味料：柠檬汁 1 茶匙、蜂蜜 1 茶匙。

做　法：①将苹果洗净、切块。

②将西柚去皮取出果肉备用。

③将橙子去皮、切块并去籽。

④把所有材料放入料理机，并加水、蜂蜜和柠檬汁。

⑤用料理机进行搅拌榨汁，装杯。

3.9 抵抗力差

由于身体长期受饮食污染（如添加剂、精制的砂糖、色素、防腐剂等）、环境污染（空气的水源）、经常暴露于电磁波中（如手机、电器、微波炉等），以及细胞所需的营养不足和负面情绪困扰等因素的影响，容易造成免疫功能减弱或自体免疫失调与各种过敏反应。

因此，需要补充抗氧化营养素、维生素 B 族、锌、硒和足量的水来提高自身的抵抗力，如多食用甜椒、菠菜和西兰花。

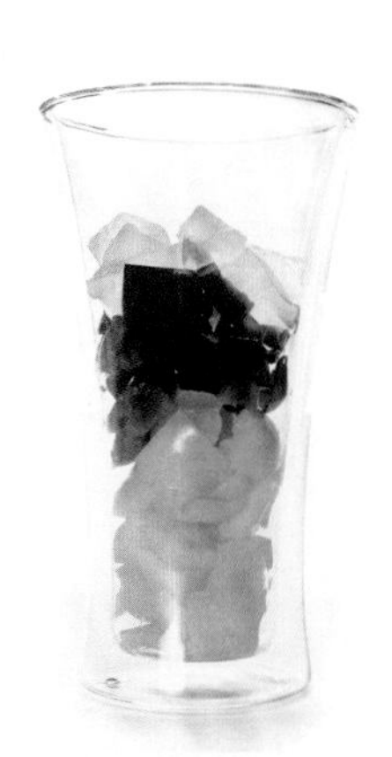

3.9.1

红黄甜椒汁

材　料：红甜椒 1/2 个、黄甜椒 1/2 个、芦荟 40g、水 100ml。

做　法：①将红黄甜椒洗净、切成适当大小。

②将袋装芦荟粒用饮用水洗净备用。

③把所有材料放入料理机，并加水。

④用料理机进行搅拌榨汁，然后装杯。

3.9.2

苹果橙汁

材　料：橙 1 个、苹果 100g（约 1/2 个）、水 200ml。

调味料：柠檬汁 3 茶匙。

做　法：
(1) 将苹果洗净、切块。
(2) 将橙子去皮、切块并去籽。
(3) 把所有材料放入料理机，并加水和柠檬汁。
(4) 用料理机进行搅拌榨汁，然后装杯。

3.9.3

菠　菜　汁

材　料：菠菜 200g、水 200ml、冰块 5 粒。

调味料：蜂蜜 1 茶匙。

做　法：①将菠菜洗净、切碎。

②把所有材料以及冰块放入料理机，并加水和蜂蜜。

③用料理机进行搅拌榨汁，然后装杯。

3.10 感冒

自然医学的观点认为感冒不仅与病毒有关，而且还是身体透过感冒的各种不适症状来重整体内平衡的现象，为的是把食物、空气和饮用水遗留在体内的毒素清除掉。

为了早日康复，应该多食用含有维生素 A、C、维生素 B 群和锌的食物，如橙、柑和胡萝卜。

3.10.1

西柚橙汁

材　料：橙 1 个、西柚 200g（约 1 个）、水 100ml。

做　法：①将西柚去皮取出果肉备用。

②将橙子去皮、切块并去籽。

③把所有材料放入料理机，并加水。

④用料理机进行搅拌榨汁，然后装杯。

3.10.2

胡萝卜苹果汁

材　料：柑 1 个、苹果 125g（约 1/2 个）、胡萝卜 50g、水 100ml。

调味料：蜂蜜 1 茶匙。

做　法：①将柑去皮去籽、掰成块。

②将苹果洗净、切块。

③将胡萝卜去皮、切块。

④把所有材料放入料理机，并加水和蜂蜜。

⑤用料理机进行搅拌榨汁，然后装杯。

3.10.3

大蒜胡萝卜汁

材　料：大蒜1瓣、胡萝卜100g、红菜头70g、西芹30g、水100ml、冰块5粒。

做　法：①将胡萝卜、红菜头去皮、切成适当大小。

②将大蒜磨成蒜泥或切碎备用。

③将西芹洗净、切块。

④把所有材料以及冰块放入料理机，并加水。

⑤用料理机进行搅拌榨汁。

⑥如考虑口感，可用滤网滤除果菜渣，装杯。

3.11 食欲不振

食欲不振是缺乏食欲、食欲减弱的综合描述。多是因为肠道消化问题而引发的，也会因紧张情绪和超负荷工作而导致。

因此，需要补充偏酸性的、含有消化蛋白酶的蔬果，如菠萝、橙、芒果、百香果、柠檬等。

3.11.1

青瓜雪梨汁

材　料：小青瓜60g（约1～2条）、雪梨1个、薄荷叶2片、水100ml、冰块5粒。

调味料：柠檬汁1茶匙、蜂蜜1茶匙。

做　法：①将小青瓜和雪梨洗净、切块。

②将薄荷叶洗净、切碎。

③把所有材料以及冰块放入料理机，并加水、蜂蜜和柠檬汁。

④用料理机进行搅拌榨汁。

⑤如考虑口感，可用滤网滤除果菜渣，然后装杯。

3.11.2

卷心菜香蕉汁

材　料：卷心菜 80g、香蕉 20g、水 150ml、冰块 5 ~ 10 粒。

调味料：柠檬汁 1 茶匙、蜂蜜 1 茶匙。

做　法：①将卷心菜洗净、切块。

②将香蕉去皮、切块。

③把卷心菜放入料理机加水进行搅拌榨汁，如考虑口感，可用滤网滤除果菜渣，留汁备用。

④把卷心菜汁、香蕉以及冰块放入料理机，并加柠檬汁和蜂蜜。

⑤用料理机进行搅拌榨汁，然后装杯。

3.11.3

木瓜芒果汁

材　料：木瓜 150g、芒果 100g、水 150ml。

做　法：①将木瓜去皮、挖籽、切块。

②将芒果去皮、切块。

③把所有材料放入料理机，并加水。

④用料理机进行搅拌榨汁，然后装杯。

3.12 消化不良

消化不良多因饮食习惯偏差、饮食不定时定量、偏好冰冻食物、情绪波动较大和肠道益菌失衡等综合因素使肠胃运作失常而导致。

为了改善这种状况，应该多食用含有乳酸菌和膳食纤维的食物，如奇异果、菠萝等。

3.12.1

奇异果酸奶

材　料：奇异果200g（约2个）、芦荟50g、水50ml、原味酸奶80g、冰块5～10粒。

做　法：①将奇异果去皮，切成适当大小。

②将袋装芦荟粒用饮用水洗净。

③把所有材料和冰块放入料理机，并加水和酸奶。

④用料理机进行搅拌榨汁，然后装杯。

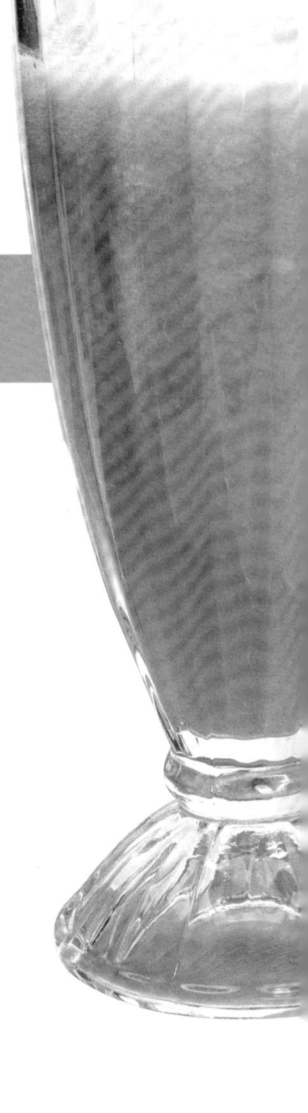

3.12.2

菠萝西柚汁

材　料：西柚 120g、菠萝 60g、水 150ml。

调味料：蜂蜜 1 茶匙。

做　法：①将菠萝去皮、切块。

②将西柚果肉取出备用。

③把所有材料放入料理机，并加水和蜂蜜。

④用料理机进行搅拌榨汁，然后装杯。

3.12.3

香蕉可可汁

材　料：香蕉 100g（约 1 条）、西芹 50g（约 1/2 ~ 1 支）、水 150ml、冰块 5 ~ 10 粒。

调味料：可可粉 2g。

做　法：①将西芹洗净、切块。

②将香蕉去皮、切块。

③把西芹放入料理机加水进行搅拌榨汁，如考虑口感，可用滤网滤除果菜渣，留汁备用。

④把西芹汁、香蕉以及冰块放入料理机，并加可可粉。

⑤用料理机进行搅拌榨汁，然后装杯。

3.13 便秘

便秘通常是指排便困难（如：两天以上一次），排便次数少、大便干燥等状况。便秘多因工作生活作息紊乱，饮水不足、焦虑和烦躁的情绪导致，也会因吃药而引起。

因此，需要补充维生素 B 群、维生素 C 和足量的水，从而解决便秘的问题，如可多吃火龙果和苹果。

3.13.1

红菜头火龙果汁

材　料：红菜头 50g、红火龙果 50g、水 150ml。

调味料：蜂蜜 1 茶匙、柠檬汁 1 茶匙。

做　法：①将红菜头和火龙果去皮、切块。

②把所有材料放入料理机，并加水、柠檬汁和蜂蜜。

③用料理机进行搅拌榨汁。

④如考虑口感，可用滤网滤除果菜渣，装杯。

3.13.2

布　林　汁

材　料：黑布林 200g（约 10 粒）、水 200ml。

调味料：蜂蜜 1 茶匙。

做　法：①将黑布林洗净去核、切片。

②把黑布林放入料理机，并加水和蜂蜜。

③用料理机进行搅拌榨汁。

④如考虑口感，可用滤网滤除果菜渣，装杯。

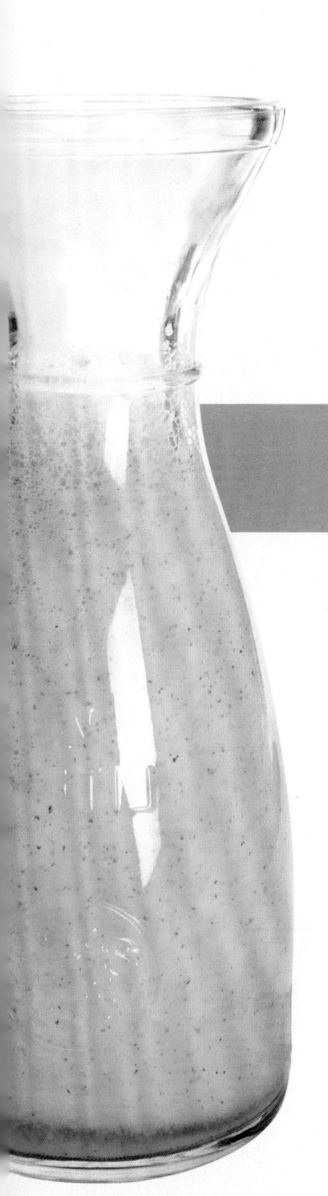

3.13.3

苹 果 枣 豆 奶

材　料：苹果400g（约2个）、冬枣120g（约10粒）、豆奶125ml、水100ml。

做　法：①将苹果洗净、切块。

②将冬枣洗净，去核。

③把所有材料放入料理机，并加水和豆奶。

④用料理机进行搅拌榨汁，然后装杯。

3.14 细胞老化

细胞老化与体内新陈代谢失衡有关，容易造成慢性疾病，使身体毒素累积，细胞呈老化现象。表现为肌肤灰暗和有皱纹。

抗氧化是防止细胞老化的重要途径，人体需要补充维生素 A、维生素 D 和维生素 E，以及具有抗氧化功能的水，多吃葡萄、苹果、蓝莓、小红莓、花椰菜和番茄。

3.14.1

芦 荟 酸 奶

材 料：芦荟 80g、苹果 100g（约 1 个）、豆奶 50ml、原味酸奶 50g、水 100ml。

做 法：①将苹果洗净、切块。

②将袋装芦荟粒用饮用水洗净。

③把所有材料放入料理机，并加水、豆奶和酸奶。

④用料理机进行搅拌榨汁，装杯。

3.14.2

番茄西芹汁

材　料：番茄 150g、西芹 50g（约 1/2 ～ 1 支）、胡萝卜 15g、水 100ml、冰块 5 粒。

调味料：蜂蜜 1 茶匙、盐 2g。

做　法：①将胡萝卜去皮、切块。

②将西芹洗净、切块。

③把西芹和胡萝卜放入料理机加水进行搅拌榨汁，如考虑口感，可用滤网滤除果菜渣，留汁备用。

④在番茄表面划几刀，然后放入沸水中，皮裂开后捞出。

⑤剥去番茄的表皮，将番茄切块。

⑥把西芹胡萝卜汁和番茄以及冰块放入料理机，并加入蜂蜜和盐。

⑦用料理机进行搅拌榨汁，然后装杯。

3.14.3

木瓜蓝莓汁

材　料：蓝莓 80g（约 20 粒）、木瓜 100g（约 1/4 个）、水 100ml。

做　法：①将蓝莓洗净。

②将木瓜去皮挖籽、切块。

③把所有材料放入料理机，并加水。

④用料理机进行搅拌榨汁，然后装杯。

3.15 骨质疏松

引起骨质疏松的原因有很多，传统上认为人过了 30 岁钙逐渐流失，饮食失衡也是引起骨骼疏松的原因。而随着环境污染，食物毒素不断增加、身体酸碱不平衡等问题更容易造成骨质疏松。

为了预防骨质疏松，成年人需要补充足量的离子钙和接收适度的日光浴。

3.15.1

胡萝卜石榴汁

材　料：胡萝卜 75g、石榴 1/2 个、生菜 20g、水 150ml。

调味料：柠檬汁 1 茶匙。

做　法：①将胡萝卜去皮、切块。

②将生菜洗净、切块。

③将石榴果粒取出用料理机榨汁并过渣待用。

④把所有材料放入料理机，并加水、柠檬汁和石榴汁。

⑤用料理机进行搅拌榨汁，然后装杯。

3.15.2

菠菜蜜瓜汁

材　料：菠菜 100g、哈密瓜 150g、水 150ml、冰块 5 粒。

调味料：柠檬汁 2 茶匙。

做　法：①将菠菜洗净、切碎。

②将哈密瓜去皮挖籽、切成适当大小。

③把所有材料以及冰块放入料理机，并加水和柠檬汁。

④用料理机进行搅拌榨汁，然后装杯。

3.15.3

番石榴西芹汁

材　料：番石榴1个、西芹50g（约1/2～1支）、芦荟50g、水100ml、冰块5粒。

调味料：蜂蜜1茶匙。

做　法：①将番石榴去皮、切块。

②西芹洗净、切块。

③将袋装芦荟粒用饮用水洗净。

④把所有材料放入料理机，并加水和蜂蜜。

⑤用料理机进行搅拌榨汁。

⑥如考虑口感，可用滤网滤除果菜渣，然后装杯。

3.16 心悸胸闷

心悸胸闷多是指心血管疾病的身体反应，需要关注身体动脉硬化和胆固醇过高的问题。这些问题多由饮食习惯造成，需要避免吃油炸类食物，避免高温煮食的毒素累积体内。

因此，需要补充维生素 E、膳食纤维、维生素 B、不饱和脂肪酸，以及饮用有抗氧化功能的水，如可多吃红色蔬果和芦笋。

3.16.1

红色蔬果汁

材　料：红菜头 25g、红葡萄 50g（约 5 粒）、胡萝卜 50g、红火龙果 50g、小番茄 30g（约 2 粒）、苹果 100g（约 1/2 个）、水 150ml。

做　法：①将红菜头、萝卜、火龙果去皮、切块。

②将葡萄、番茄、苹果洗净、切成适当大小。

③把所有材料放入料理机，并加水。

④用料理机进行搅拌榨汁。

⑤如考虑口感，可用滤网滤除果菜渣，然后装杯。

3.16.2

综合四果汁

材　料：菠萝80g、百香果1个、水蜜桃80g、木瓜80g、水100ml

做　法：①将菠萝、水蜜桃去皮、切块。

②将木瓜去皮挖籽、切块。

③将百香果挖出果肉和果汁备用。

④把所有材料放入料理机，并加水。

⑤用料理机进行搅拌榨汁。

⑥如考虑口感，可用滤网滤除果菜渣，装杯。

3.16.3

芦笋西芹汁

材　料：芦笋 100g、西芹 50g、芦荟 50g、原味酸奶 50g、水 100ml、冰块 5 粒。

做　法：①将芦笋洗净用热水焯一下，捞出后在冷开水里过一遍、切粒。

②将袋装芦荟粒用饮用水洗净。

③将西芹洗净、切块。

④把西芹放入料理机加水进行搅拌榨汁，如考虑口感，可用滤网滤除果菜渣，留汁备用。

⑤把西芹汁和其余材料以及冰块放入料理机，并加入酸奶。

⑥用料理机进行搅拌榨汁，然后装杯。

3.17 胆固醇过高

胆固醇由肝脏制造，身体需要有优质的胆固醇来维持正常的机能。如果身体累积过多劣质的胆固醇，就会造成心血管硬化及阻塞，也极易引起脑中风。改变非健康的饮食是首要的，例如戒烟、酒，戒烧烤和油炸类食物，戒碳酸类饮料等。

同时，还需要补充卵磷脂、不饱和脂肪酸，增加维生素 C 和具有抗氧化功能的水，可多吃西柚、苹果和番茄。

3.17.1

甜椒凤柚汁

材　料：红甜椒 1/2 个、西柚 60g、菠萝 120g、水 150ml。

做　法：①将菠萝去皮、切块。

②将红甜椒洗净、切块。

③将西柚果肉取出备用。

④把所有材料放入料理机，并加水。

⑤用料理机进行搅拌榨汁，然后装杯。

3.17.2

萝卜芝麻酸奶

材　料：胡萝卜 75g、黑芝麻粉 3 茶匙、原味酸奶 150g、水 50ml、冰块 5 粒。

做　法：①将胡萝卜去皮、切块。

②把胡萝卜放入料理机加水进行搅拌榨汁，如考虑口感，可用滤网滤除果菜渣，留汁备用。

③把胡萝卜汁和黑芝麻粉以及冰块放入料理机，并加入酸奶。

④用料理机进行搅拌榨汁，然后装杯。

3.17.3

番茄苹果汁

材　料：小番茄150g、苹果200g（约1个）、水150ml。

调味料：柠檬汁1茶匙、蜂蜜1茶匙。

做　法：①将苹果和小番茄洗净、切成适当大小。

②把所有材料放入料理机，并加水、蜂蜜和柠檬汁

③用料理机进行搅拌榨汁。

④若考虑口感，可用滤网滤除果菜渣，然后装杯。

3.18 肝功能不全

肝脏具有排除各种毒性化学物质的功能，肝脏疾病与饮食不定时定量、饮食失衡、身体长期缺水和少吃青绿色蔬果等因素有密切关系。

所以应该让身体保持特定的生活作息，补充维生素 A、B、C、E，每天饮 2 至 2.5L 的水，再适当吃点葡萄、生菜、芹菜、番茄、西兰花。

3.18.1

芝麻菠萝汁

材　料：菠萝100g、黑芝麻粉3茶匙、水100ml。

做　法：①将菠萝去皮、切块。

②把所有材料放入料理机，并加水。

③用料理机进行搅拌榨汁，然后装杯。

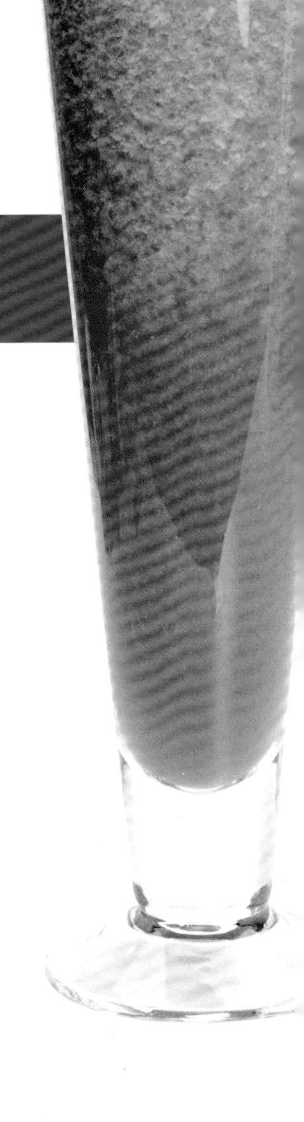

3.18.2

番茄西柚汁

材　料：番茄 120g、西柚 200g（约 1 个）、水 100ml。

做　法：①在番茄表面划几刀，然后放入沸水中，皮裂开后捞出。
②剥去番茄的表皮，将番茄切块。
③西柚去皮取出果肉备用。
④把所有材料放入料理机，并加水。
⑤用料理机进行搅拌榨汁，然后装杯。

3.18.3

西柚抹茶汁

材　料：西柚 200g（约 1 个）、水 150ml、冰块 5 粒。

调味料：抹茶粉 1 茶匙。

做　法：①将西柚去皮取出果肉备用。

②把所有材料以及冰块放入料理机，并加水和抹茶粉。

③用料理机进行搅拌榨汁，然后装杯。

3.19 肌肤问题

肌肤问题反映在肌肤暗沉、干燥、气色差、肌肤老化、容易过敏。而肌肤大部分的问题都源于肠道毒素累积而引致，解决肌肤问题，首要让肠道干净、益菌平衡，皮肤自然就会好起来。

首先，需要补充维生素 B、C、E 和维生素 A，多吃蔬菜和水果。同时，保持脸部使用弱酸性的水来清洁脸部皮肤，切勿使用含氯气的自来水洗脸或淋浴。

3.19.1

黄金南瓜豆奶

材　料：南瓜 150g、生蛋黄 1 个、豆奶 50ml、水 100ml。

做　法：①将南瓜去皮、挖籽用热水煮熟并切块。

②取一个生蛋黄备用。

③把所有材料以放入料理机，并加水和豆奶。

④用料理机进行搅拌榨汁，然后装杯。

3.19.2

奇异果蜜桃汁

材　料：奇异果 100g（约 1 个）、水蜜桃 100g、菠萝 50g、水 100ml、原味酸奶 50g。

做　法：
1. 将菠萝和奇异果去皮、切块。
2. 将水蜜桃去皮去核、切块。
3. 把所有材料放入料理机，并加水和酸奶。
4. 用料理机进行搅拌榨汁，然后装杯。

3.19.3

番茄芒果汁

材　料：番茄 80g、芒果 120g、水 150ml。

调味料：蜂蜜 2 茶匙。

做　法：①在番茄表面划几刀，然后放入沸水中，皮裂开后捞出。

②剥去番茄的表皮，将番茄切块。

③将芒果去皮去核、切块。

④把所有材料放入料理机，并加水和蜂蜜。

⑤用料理机进行搅拌榨汁，然后装杯。

3.20 肥胖

除体质因素外，肥胖还有可能因为饮食上过于偏好甜食、重油味厚等不健康习惯而导致。同时，饮水不足也是导致肥胖的因素之一。此外，在压力大、情绪无法合理宣泄，心情长期处于郁闷的状态时，机体的免疫细胞机能降低，肥胖也就有可能出现了。

因此，为了避免肥胖状态，需要戒除甜食并转为清淡饮食，更要补充维生素 B、钾，选择较多膳食纤维的食物和饮用足量的好水。

3.20.1

香蕉黑醋汁

材　料：香蕉 50g（约 1/2 条）、豆奶 100ml、水 50ml。

调味料：黑醋 2 茶匙。

做　法：①将香蕉去皮、切块。

②把所有材料放入料理机，并加水、豆奶和黑醋。

③用料理机进行搅拌榨汁，装杯。

3.20.2

山药木瓜奶

材　料：山药 80g、木瓜 80g、牛奶 200ml、水 40ml。

做　法：①将山药去皮、切块。

②将木瓜去皮挖籽、切块。

③把所有材料放入料理机，并加水和牛奶。

④用料理机进行搅拌榨汁，然后装杯。

3.20.3

低脂水果奶

材　料：番石榴 1 个、番茄 150g、牛奶 50ml、水 200ml。

做　法：①将番石榴去皮、切块。

②在番茄表面划几刀，然后放入沸水中，皮裂开后捞出。

③剥去番茄的表皮，将番茄切块。

④把番茄和番石榴放入料理机加水进行搅拌榨汁，如考虑口感，可用滤网滤除果菜渣，留汁备用。

⑤把果汁放入料理机，并加入牛奶。

⑥用料理机进行搅拌榨汁，然后装杯。

3.21 贫血

当体内铁元素不够的时候，血液中血红素就会不足，这时就会出现贫血的状态，多见于青春期后的女性。

为了改善贫血，平日要摄取足够的维生素 B6 和 B12、维生素 C、叶酸和铁，更要补充钙和镁元素。多吃红色的蔬果，如红菜头、红苋菜、葡萄干和胡萝卜等。

3.21.1

番茄牛油果汁

材　料：番茄50g（约3～4粒）、苹果125g（约1/2个）、牛油果半个、水50ml、冰块5～10粒。

调味料：柠檬汁1茶匙。

做　法：①将牛油果去皮、切块，苹果切块。

②在番茄表面划几刀，然后放入沸水中，皮裂开后捞出。

③剥去番茄的表皮，将番茄切块。

④把所有材料以及冰块放入料理机，并加水和柠檬汁。

⑤用料理机进行搅拌榨汁，然后装杯。

3.21.2

石榴布林汁

材　料：石榴 1 个、黑布林 60g（约 3 粒）、水 200ml。

做　法：①将石榴果肉取出备用。

②将黑布林洗净去核、切片。

③把所有材料放入料理机，并加水。

④用料理机进行搅拌榨汁。

⑤如考虑口感，可滤网滤除果菜渣，装杯。

3.21.3

核桃蔬果汁

材　料：芦笋 30g、苹果 125g（约 1/2 个）、哈密瓜 250g、核桃 2 个、水 100ml。

调味料：蜂蜜 1 茶匙、柠檬汁 1 茶匙。

做　法：①将芦笋洗净用热水焯一下，捞出后在冷开水里过一遍，然后切粒。

②将苹果切成适当大小，哈密瓜去皮挖籽、切块。

③取出核桃肉备用。

④把所有材料放入料理机，并加水、蜂蜜和柠檬汁。

⑤用料理机进行搅拌榨汁，然后装杯。

3.22 肾功能不全

肾脏主要负责调节体内水分及电解质的平衡，排泄代谢废物以及毒素，分泌酵素和荷尔蒙。此外，糖尿病、高尿酸、肾结石药物过度使用，都会导致肾功能不全。当肾功能变差，就会影响着人的气色、精神、体能和代谢。

因此，在调理上必须限制盐分及高蛋白质食物的摄取。食用草酸盐的蔬果（如菠菜、草莓），同时饮用无碳酸饮料和无矿物质的纯净水。

3.22.1

菠萝薄荷汁

材　料：菠萝 70g、小黄瓜 60g、薄荷叶 4 片、水 100ml、冰块 5 粒。

做　法：①将菠萝去皮、切块。

②将小黄瓜洗净、切块。

③将薄荷叶洗净备用。

④把所有材料以及冰块放入料理机，并加水。

⑤用料理机进行搅拌榨汁，然后装杯。

3.22.2

番茄芦笋奶

材　料：芦笋 150g、番茄 50g、牛奶 150ml、水 70ml。

调味料：蜂蜜 1 茶匙

做　法：
①将芦笋洗净用热水焯一下，捞出后在冷开水里过一遍、切粒。
②在番茄表面划几刀，然后放入沸水中，皮裂开后捞出。
③剥去番茄的表皮，将番茄切块。
④把所有材料放入料理机，并加水、蜂蜜和牛奶。
⑤用料理机进行搅拌榨汁，然后装杯。

3.22.3

茄子番茄奶

材　料：茄子 80 克、番茄 80g、牛奶 200ml、水 50ml。

做　法：①将茄子洗净用热水煮熟，捞出后在冷开水里过一遍、切块。

②在番茄表面划几刀，然后放入沸水中，皮裂开后捞出。

③剥去番茄的表皮，将番茄切块。

④把所有材料放入料理机，并加水和牛奶。

⑤用料理机进行搅拌榨汁，然后装杯。

3.23 血糖过高

血糖过高是引发糖尿病的主要因素，所以控制血糖，也就是预防糖尿病的关键。理想的血糖值饭前应被控制在 80-120mg/100ml 的范围内。

身体要增加含微量元素铬的蔬果，如香蕉、胡萝卜，选择橄榄油、芥花籽油用于日常的煮食上。同时补充 β-胡萝卜素也是极重要的，如胡萝卜、南瓜、芒果、菜心、番石榴等。

3.23.1

葡萄西芹汁

材　料： 番茄50g、西芹50g（约1/2 ~ 1支）、红葡萄50g（约5粒）、水100ml、冰块5 ~ 10粒

调味料： 柠檬汁1茶匙

做　法： ①将西芹和葡萄洗净、切块。

②在番茄表面划几刀，然后放入沸水中，皮裂开后捞出。

③剥去番茄的表皮，将番茄切块。

④把所有材料以及冰块放入料理机，并加水和柠檬汁。

⑤用料理机进行搅拌榨汁。

⑥如考虑口感，可用滤网滤除果菜渣，然后装杯。

3.23.2

红菜头葡萄汁

材　料：红菜头 50g、红葡萄 50g（约 5 粒）、水 150ml。

调味料：蜂蜜 1 茶匙。

做　法：①将红菜头去皮、切块。

②将葡萄洗净、切片。

③把所有材料放入料理机，并加水和蜂蜜。

④用料理机进行搅拌榨汁。

⑤如考虑口感，可滤网滤除果菜渣，装杯。

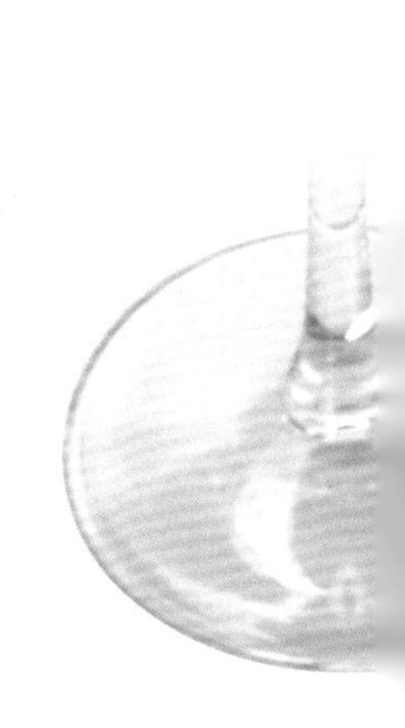

3.23.3

柿 子 生 姜 汁

材　料：红柿子 2 个、生姜 20g、水 200ml。

做　法：①将生姜洗净、切碎。

②将柿子去皮、切块。

③把所有材料放入料理机，并加水。

④用料理机进行搅拌榨汁，然后装杯。

3.24 痛风

痛风是由血液内的尿酸浓度增高所致，引发痛风多与饮食上摄取过多含嘌呤的食物（如动物内脏、浓汤、豆芽）有关。

为了预防痛风状况，也要避免喝碳酸类饮料和吃含草酸盐高的蔬果（如菠菜、草莓），可多吃萝卜。同时，需每天饮用不少于 2L 的水。

3.24.1

三色萝卜汁

材　料：胡萝卜（或黄萝卜）30g、白萝卜30g、青萝卜30g、苹果100g（约1/2个）、水150ml。

调味料：柠檬汁1茶匙。

做　法：①将各种萝卜去皮、切块。

②将苹果洗净、切片。

③把所有材料放入料理机，并加水和柠檬汁。

④用料理机进行搅拌榨汁。

⑤如考虑口感，可用网滤除果菜渣，然后装杯。

3.24.2

西芹蔬果汁

材　料：胡萝卜 25g、白萝卜 25g、小番茄 70g、西芹 50g（约 1/2 ~ 1 支）、石榴 1/2 个、番石榴 100g、水 100ml、冰块 5 ~ 10 粒。

做　法：①将各种萝卜和番石榴去皮、切块。

②将西芹、小番茄洗净、切块。

③将石榴果粒取出备用。

④把番茄和西芹放入料理机加水进行搅拌榨汁，如考虑口感，可用滤网滤除果菜渣，留汁备用。

做　法 ⑤把果汁、其他材料以及冰块放入料理机。

⑥用料理机进行搅拌榨汁，然后装杯。

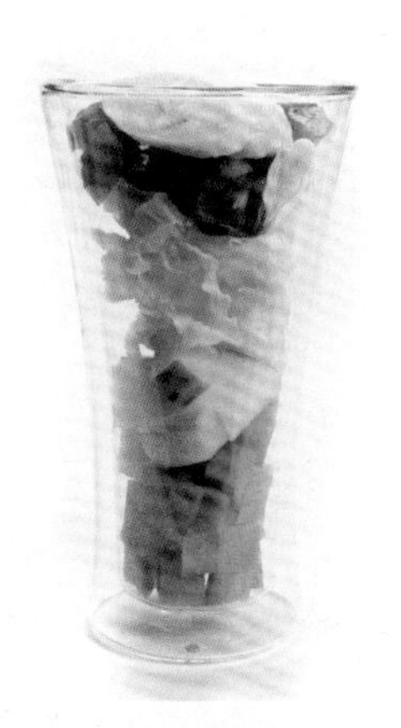

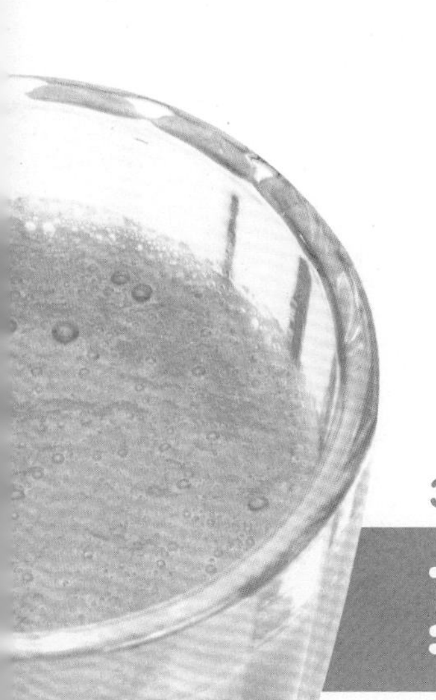

3.24.3

萝卜蔬果汁

材　料： 胡萝卜 100g、卷心菜 100g、番茄 40g（约 2 粒）、苹果 100g（约 1/2 个）、香蕉 50g（约 1/2 个）、水 100ml。

做　法： ①将萝卜和香蕉去皮、切块。

②将苹果、卷心菜洗净、切块。

③在番茄表面划几刀，然后放入沸水中，皮裂开后捞出。

④剥去番茄的表皮，将番茄切块。

⑤把胡萝卜、番茄和卷心菜放入料理机加水进行搅拌榨汁，若考虑口感，可用滤网滤除果菜渣，留汁备用。

⑥把果汁和其他材料放入料理机。

⑦用料理机进行搅拌榨汁，然后装杯。

3.25 宿醉

宿醉会使肝脏在免疫功能方面下降，令毒素无法分解而形成毒素囤积，同时会影响脂肪分解酵素的运作，令人易产生疲劳、食欲不振，严重者容易令肝硬化、慢性肝炎。

缓解宿醉需要摄取木酚素类物质（如芝麻），木酚素可以分解乙醛，减轻肝脏的负担，使身体恢复正常。

3.25.1

秋葵芝麻汁

材　料：秋葵50克（3–4根）、黑芝麻粉2茶匙、水150ml、冰块5粒。

调味料：蜂蜜1茶匙。

做　法：①将秋葵洗净用热水焯一下（约2分钟），捞出后在冷开水里过一遍，然后切块。

②把所有材料以及冰块放入料理机，并加水和蜂蜜。

③用料理机进行搅拌榨汁，然后装杯。

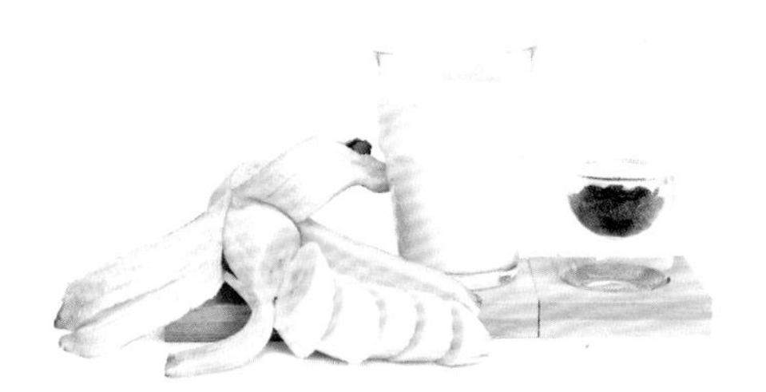

3.25.2

芝麻香蕉奶

材　料：香蕉100g（约1条）、黑芝麻粉2茶匙、牛奶150ml、水50ml。

做　法：①将香蕉去皮、切块。

②把所有材料放入料理机，并加水和牛奶。

③用料理机进行搅拌榨汁，然后装杯。

3.25.3

芝 麻 酸 奶

材　料：黑芝麻粉 3 茶匙、原味酸奶 200g、水 50ml。

调味料：蜂蜜 1 茶匙。

做　法：①把芝麻放入料理机，并加水、蜂蜜和酸奶。

②用料理机进行搅拌榨汁，然后装杯。

附录

推荐厨具

Auto
High
Pulse
On/Off
GERMAN
Time+
Time-
Speed+
Speed-
Kitchen
Scale

破壁料理机

做鲜榨果汁的秘诀除了选用新鲜蔬果和还原水外，料理机也是一大关键。目前市面上各式各样的料理机中，比较推荐的是破壁料理机。

破壁料理机是一类利用超高转速 (45000 转 / 分以上)，破碎蔬果细胞壁，萃取植物营养物的多功能果汁机。

破壁料理机处理蔬果的优点在于：

破壁料理机能瞬间破碎蔬果的细胞壁，最大限度释放丰富纤维和营养，并将蔬果的营养素分散成易吸收的小分子结构，融入果汁中。这样，人体就能更加完全地吸收蔬果的营养素。

破壁料理机能将蔬果的皮、肉、核全部打磨细腻，无须隔渣就能直接饮用。蔬果的皮、核中含有许多人体无法合成、能抵御多种疾病的天然营养素，但从食用习惯和口感出发，往往会被废弃，而破壁料理机很好地解决了这个问题。

破壁料理机的超高转速、充分打磨蔬果，释放营养，是很多普通榨汁机不具备的；但若破壁料理机处理蔬果时间过长，则会由于长时间高速运转产生热量，破坏了果汁中对热敏感的营养素。因此，用破壁料理机处理蔬果时，最好把时间控制在 1–2 分钟，避免果汁的营养受到破坏。

另外，鲜榨的果汁长时间暴露在空气中，营养成分容易流失；所以，鲜榨果汁要快点喝完哦！

还原水

水是果汁的基础，是果汁的重要组成部分。水选对了，果汁就更加健康有营养。然而，有很多朋友在选择用水上感到困扰。

还原水是被较多人认同的好水；现在，越来越多人群选择饮用还原水，并陆续发掘出还原水的优势。在做鲜榨果汁时，选择还原水能感受到明显的优势。

·还原水呈弱碱性（pH8.5 ~ 9.5），中和人体内多余酸素。在榨取果汁的时候，能中和水果的酸素，减少果蔬汁的酸味与涩味，令果汁更加新鲜美味，口感更佳。

·还原水呈负电位（–250MV 以下），能够抗氧化。你有没有发现，鲜榨果汁静置一段时间后，颜色会变得浑浊不清，口感也大打折扣呢？这是因为果汁的氧化现象。而还原水的负电位具有抗氧化能力，可以减缓果汁的氧化速度。

·还原水的分子团小，溶解性好，渗透力强，易于人体吸收。还原水的小分子水能快速渗透至果蔬，析出营养成分，减少营养成分的流失，从而增加营养吸收率。

·还原水含有适量的氧气。在享受果汁吸收蔬果中的营养素之余，也能补充人体的含氧量。

·还原水富含离子态矿物质及钙、镁、钾、钠等微量元素。人体更容易吸收。

·还原水不含有细菌，杂质和重金属，不影响口感之余又能保证安全。

温馨提示：

·榨果汁前，先用强还原水 (pH11.5) 清洗蔬果，将蔬果表面的残留农药、防腐剂、添加剂等溶解，再用强酸性水 (pH2.5) 冲洗杀菌，蔬果更加卫生安全。

·用还原水 (pH8.0 ~ 9.5) 浸泡一段时间，能有效软化蔬果的果纤组织，增加蔬果的含水量，提高出汁率，减少食材浪费。

·榨汁机使用后，用强酸性水 (pH2.5) 冲洗榨汁机、刀具与砧板，轻松解决厨具小细节部分的清洗，又能杀菌消毒，连洗洁精都省了（由于酸性关系，金属类餐具请抹干水后放置）。

Enagic
LeveLuk
还原水
還原水文化
Kangen Culture
LeveLuk
SD-501還原水生成器
日本製
はがして
御使用下さい。
還原水文化
Kangen Culture
pH Color Chart
你身體的酸鹼值能反映出你身體的健康狀況
STOP
4.5
6.5
7.0
8.5
9.0
9.5
ACIDIC 酸性
Neutral
中性
ALKALINE 鹼性
Sickness 生病
Health 健康

陶瓷刀

自己动手做果汁既能享受美味，又能保持健康；再用上陶瓷刀，给果汁轻松加分。

陶瓷刀是一种以纳米材料氧化锆为原料加工而成的新型刀具，具有锋利、不钝化、防止细菌滋生、耐酸耐碱的优点。做果汁时，以陶瓷刀代替传统金属铸刀，有利于防止蔬果与刀片发生化学反应，减缓蔬果的氧化速度，使蔬果的营养得到更大限度的保存；而且不会在果蔬切面留下金属味和异味，使果汁的口感和味道得到提升。

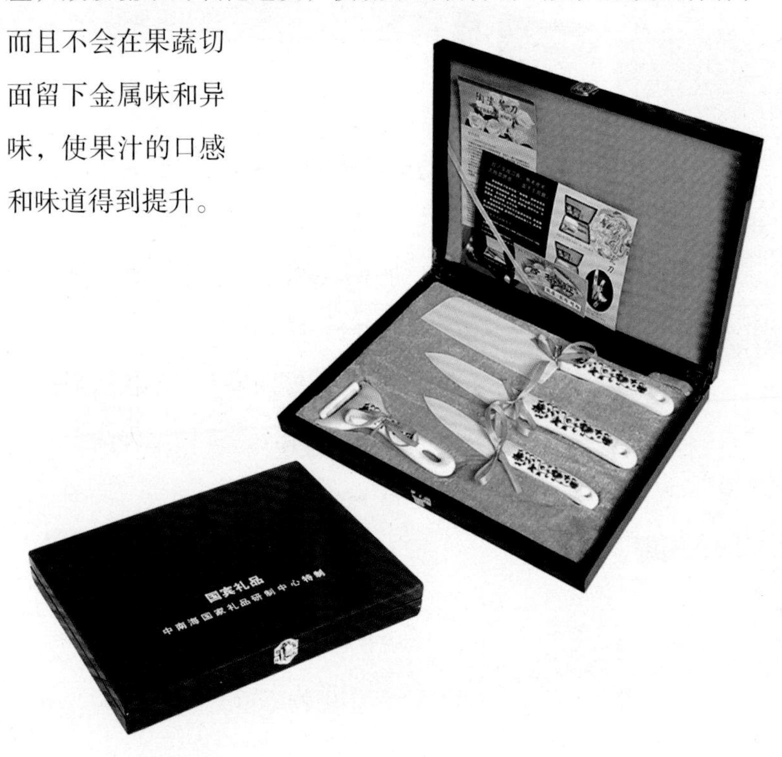